AF370888

CONFESSION

DU

COMTE D'ESTAING,

OU

ESSAIS HISTORIQUES

Sur son origine, et sa vie privée,

Recueillis par un de ses soi-disans Amis.

A TOURS,

Dans son Château.

1 7 8 9.

CONFESSION
DU COMTE D'ESTEING,
ÉCRITE PAR LUI-MÊME.

Le masque tombe, l'homme reste & le héros
s'évanouit.

JE me confesse à Dieu dont j'ai éludé les dé-
crets, aux puissances étrangères dont j'ai trompé
la confiance, auxpetites filles que j'ai abusées par
de nombreuses promesses, à ma patrie enfin que
j'ai essayé de sacrifier, parceque tout le tems de
ma vie j'ai griévement péché par pensées, par
paroles, par actions et même par omissions.

Malgré ma chute et mes remords, j'ai encore
assez d'orgueil pour ne pas convenir que c'est de
ma faute et ma très grande faute si je suis devenu
Comte d'Esteing par mon intrigue, méprisable
à l'étranger par mes parjures, odieux à ma patrie
par mes trahisons : mais, comme péchés avoués
sont à moitié pardonnés, je supplie très-humble-
ment tous ceux que j'ai volé, trompé, abusé et
trahi, de me pardonner, comme ils ont pardon-
né aux Broglie, aux Lambesc, aux Belsunce, et
à tant d'autres ARISTOCRATES, non moins
fameux que moi dans les annales du despotisme
et de la tyrannie.

Le hasard de ma naissance ne m'a point fait
comte d'Esteing, j'en conviens, mais ce n'est pas
ma faute, si j'ai trouvé un pere assez dénaturé,
une mere assez faible, un frere assez imbécile,

A

et des Robins assez absurdes , ou assez in-justes, pour, d'un commun accord, me tirer de l'obscurité à laquelle la nature m'avoit comdamné, et me lancer dans la carrière de l'opulence et des grandeurs, pour lesquelles j'avois une inclination et un tempérament surnaturels.

Je confesse donc publiquement et en mon ame et conscience que c'est par une réunion de miracles, ou si l'on veut, de friponeries, que je suis marqué au nom et aux armes d'Esteing, et voici comment.

Suivant l'usage immémorial des grands, mon pere naturel avoit une épouse qu'il détestoit au-tant qu'il en étoit haï, et une maîtresse qu'il adoroit : devenues enceintes à la même époque, l'une et l'autre lui promirent bientôt un double gage de leur fécondité. Deux garçons parurent à la fois sur le théâtre du monde ; l'un fruit légitime d'un hymen asorti, l'autre d'un concubinage adul-tère : et j'avoue ingénuement que je suis cet adultérin que le préjugé des loix condamnoit à l'obscurité et à l'oubli total de la société.

Heureusement pour moi, feu le comte d'Es-teing, avoit la maladie de tous les maris de qua-lité : certaine démangeaison l'empéchait de croire à la vertu de sa chaste moitié : la galanterie de certains abbés et la vigueur de ses valets lui por-toient ombrage, et , comme tous les amants, il croyoit fermement à la sagesse et à la fidélité de sa maîtresse.

Qui profita de cette disposition également favorable à ma destinée ? ce fut moi sans doute : Je fus baptisé et élevé discrètement sous le nom de comte d'Esteing ; je fus désigné et institué paternellement comme chef du nom et des armes de cette famille illustre ; et ainsi enté, je n'avois plus qu'à en soutenir l'honneur et les exploits.

Encore si pour m'en faciliter les moyens, on m'eût spirituellement débarrassé de ce frère importun, dont les tracasseries pouvoient me devenir embarrassantes : si seulement on eût pris la précaution de lui rendre impénétrable le secret de sa naissance, au moins m'auroit-on rendu moins difficile et moins désagréable la carrière dont on me facilitoit les accès, et ne m'auroit-on pas imposé l'impérieuse nécessité d'y débuter par une scélératesse dont le succès étoit équivoque.

Mais on craignoit d'alarmer la tendresse d'une mère déjà trop mécontente : il a fallu, tant qu'elle à vécu, lui conserver l'ombre de la réalité, et sans doute que ce sacrifice a été jugé nécessaire pour élever plus sûrement l'édifice de mon adoption.

Quoi qu'il en soit, la mort de la comtesse d'Esteing arriva assez tôt, pour que son fils n'eût encore aucune connoissance de son état : notre pere commun n'en travailla qu'avec plus de zèle à perfectionner l'ouvrage de la prédilection dont il m'honnoroit : rien ne manqua à mon éducation ; les maîtres en tout genre ne me furent point épargnés, et je débutai glorieusement dans la carrière des armes, où, comme tout le monde sait, j'ai fait des progrès assez rapides.

De son coté, mon frère consanguin, très-heureux de n'avoir pas été immolé à mes prétentions, couroit une toute autre bordée : j'ai ouï dire qu'ayant la fatuité de se croire de l'esprit, il avoit osé se faire répétiteur chez un maître de pension de la capitale ; mais que l'expérience lui ayant démontré qu'il étoit absolument sans capacité, il avoit pris le parti du commerce : j'ai su sans le vouloir, que prenant un vol hardi, il avoit élevé une boutique de tailleur frippier au faubourg saint-Antoine, ayant pour enseigne AU COMTE d'ESTEING.

Cet excès d'audace me déplut, et ne me laissa même pas sans inquiétude, j'en conviens ; je fus encore bien plus intimidé l'orsqu'un exploit bien libellé vint m'instruire que la justice alloit mettre le nez dans nos affaires, et pénétrer, s'il lui étoit possible, le mistère dont il étoit la victime.

Je me plus à croire que le bon homme avoit faim, et que le rassasier, étoit un moyen infaillible de l'écarter : j'avois déjà acquis quelque considération dans le monde et même à la cour ; je commençois déjà à connoître et même à pratiquer le grand art de nuire et d'intriguer. J'essayai de l'intimider par les menaces de l'autorité; je le fis caresser par des offres avantageuses ; je fis valoir tour à tour et mon crédit et mon opulence ; inaccessible à la crainte comme à la séduction, il me força un instant de trembler pour moi-même, et de reconnoître en lui, malgré moi, la source commune d'où nous tirons tous les deux l'éxistence et le jour.

Ce moment de foiblesse, que je me reprochai bientôt, fit place au dépit et à l'indignation : je poussai l'audace j'usqu'à braver l'examen des tribunaux, qui alloient éclairer ma conduite et mon sort, et je n'eus lieu que de me louer de ma persévérance et de mon air d'intrépidité.

Malgré l'orgeuil, qui est l'ame de mon caractère, et qui même ne m'abandonne pas encore, dans l'état d'humiliation et d'avilissement où je suis maintenant plongé, je suis forcé de rendre un sincère hommage à qui il est dû : des Robins courtisans et mercenaires, des Magistrats imbéciles et avares, ont parfaitement secondé mes projets audacieux : sans crédit, sans apui, rebuté, dès l'antichambre, de ceux qui devoient nous juger, mon pauvre frère fut forcé d'ouvrir enfin les yeux; il ne vit plus en moi qu'un adversaire dangéreux et même invincible; il ne vit plus dans ses juges que des êtres impérieux et vendus; il trembla pour ce qu'il apelloit sa fortune et son honneur, il aima mieux suivre les conseils qu'il recevoit de toute part, il capitula, j'eus l'air de me faire prier, de me faire tenir à quatre : en un mot, je fis toutes les grimaces d'un grand seigneur qui fait des sacrifices, tandis que je ne faisois qu'acheter mon rang et ma naissance : une transaction heureuse termina cette comédie : j'en fus quitte pour une pension que je paye ou fait payer très-exactemente ncore aujourd'hui ; et c'est à l'ombre de ce laurier domestique que j'en ai ceuilli mille autres à-peu-près aussi mérités.

Un triomphe aussi eclatant me parut du plus heureux présage . et j'en conçus les plus grandes espérances. AUDACES, me suis-je dit, FORTUNA JUVAT. Marchons à l'imortalité par tous les sentiers qui y conduisent, quels que soient les moyens d'y parvernir, ils me conviennent, si le succès les couronne, l'usurpateur d'un nom illustre, en doit, plus qu'un autre, maintenir l'éclat et la splendeur.

Personne fut-il plus que moi fidèle à ces principes : en vain l'inconstante fortune essaya t'elle de retarder les progrès de la marche que je m'étois frayée ; en vain paru-telle opposer quelques obstacles à la rapidité demes vues ambitieuses ; j'ai su combattre, la vaincre, la réduire ; en un mot, la je me suis déshonnoré à la face de l'univers, je le confesse ; mais je l'étois déjà à mes propres yeux, m'en coutoit il beaucoup plus de l'être aux yeux des autres.

Aujourd'hui qu'un retour sincère sur moi-même, me fait sonder les replis les plus cachés de ma conscience, après m'être confessé à l'Être Suprême dont j'ai éludé les décrèts, et à la famille d'Esteing dont j'ai envahi les titres et la fortune, je me confesse à vous généreux Anglais, dont j'ai trompé la confiance, en trahissant l'honneur, en commprommettant même la dignité du carractère français. Deux fois votre prisonnier par les loix de la guerre, deux fois déchargé du poids de mes fers sur ma seule parole de gentilhomme français, l'ingratitude là plus noire eſt le seul sentiment dont je vous ai jamais payé. En vain l'oubli d'une premiere injure m'avoit-elle forcé de vous admirer, je n'en ai été que plus ingénieux à vous tromper, plus ardent à vous manquer de parole, plus actif à vous nuire. Votre indulgence et ma bassesse, votre générosité est ma scélératesse, voilà vos títres et mon ignominie. Proscrit à si juste títre dans tous les pays de votre domination, vous avez prédit sans doute qu'un même sort m'étoit infailliblement réservé dans ma patrie, et vous ne vous êtes pas trompé.

Je lui ai cependant rendu d'essentiels services à cette patrie, qui au jourd'hui me couvre de honte et de confusion. Inscrit dans les fastes dés

hommes célèbres qui immortalisent sa marine
royale, mon nom y remplira, malgré elle, une
place honorable. Je sais bien qu'en fixant le
nombre & les époques des campagnes que j'ai
faites, la stérilité de l'histoire pourra m'arracher
quelques uns des fleurons que j'avois moi-même
attachés à ma couronne, et qu'à force de dissiper
la fumée d'encens, dont j'ai eu grand soin de
m'envelopper, on reconnoîtra à peine la divi-
nité; mais m'enlèvera-t-elle jamais le titre imposant, le titre glorieux déja cité dans les annales
de l'univers, de VAINQUEUR DE LA GRENADE!
titre que le marbre le plus dur transmettra à la
postérité, et dont l'historien le plus partial ne
peut m'enlever l'honneur.

Je sais bien que les ennemis de ma gloire,
qui sont en grand nombre, que ceux sur tout
que m'ont attiré mon caractere, mes mœurs, et
mes friponneries, lesquelles sont en plus grand
nombre encore, me reprocheront les bévues que
j'ai commises à Sainte-Lucie et à Savanaah; et
que, pour obscurcir le tableau de mes trophées,
ils ne manqueront pas de grossir celui de mes
défaites.

Mais je les supplie de ne pas me juger, de ne
pas me condamner sans m'entendre. Ce n'eſt
point par l'ignorance, ce n'est pas faute de connoissance de la véritable situation des ennemis
de l'état, que je me suis amusé à me faire battre,
sur-tout à Saint-Lucie; et à y faire égorger des
milliers de braves gens, c'est qu'il falloit absolument passer son tems à quelque chose; il falloit
avoir l'air de former quelqu'entreptise, ou marcher droit à la Jamaïque : et marcher à la Jamaïque, n'eut pas fait mon compte.

Cette isle importante par la fertilité de son sol, la richesse de ses possessions, l'abondance de ses Magasins, et sur-tout par la facilité et l'étendue de son commerce, cette isle importante étoit, pour ainsi dire, sans défense, je m'en serois rendu maître, sans coup férir, ainsi que d'un convoi riche et nombreux qui se trouvoit alors dans sa rade : c'eût été un coup décisif pour la campagne, la paix pouvoit se faire, et que devenoient mes projets de fortune et d'ambition ? J'ai donc été trop heureux de rencontrer l'écueil de Sainte-Lucie où je savois bien que je serois repoussé et battu ; j'ai fait longue contenance, parcequ'il falloit bien donner aux Anglais le tems de faire leurs préparatifs et de porter des forces à leur Jamaïque, aussi l'ont-il fait : ils y ont trouvé leur compte et moi j'ai cru y trouver le mien : peut-être ma patrie y a-t-elle perdu quelque chose, mais nous étions deux qui y avons gagnés.

D'après cet aveu sincère, qu'on me fasse, si on l'ose, le reproche d'ineptie et d'incapacité ; je crois au contraire avoir, dans cette circonstance, dévelopé tous les talens d'un grand Général, et la science du plus parfait calculateur : et je défie mes ennemis les plus acharnés de me refuser cette justice que je me rends à moi-même.

J'en ateste les fêtes publiques qui ont précédé mon retour en france, j'en ateste les honneurs qui m'ont été par-tout prodigués ; j'en ateste enfin l'acceuil flateur que j'ai reçu du Souverain, des ministres, de la france entière même.

Réduit bientôt aux grimaces de la cour, mon

génie naturellement actif et même turbulant ne pouvoit s'accomoder à cette oisiveté, à cette indolence dans lesquelles s'engourdissent les courtisans ordinaires : il manquoit un laurier à toutes les courronnes qui m'ombrageoient, celui de me faire juger par comparaison.

Un Bailly de Suffren, homme du bon vieux tems étoit parti pour les grandes Indes ; un de Guichen, un Baras, un Lamote Piquet avoient des missions pour l'Amérique. Tous ces gens-là ne faisoient point mon affaire, il n'y avoit rien à gagner avec eux ; je commençois à me déconcerter.

Mais tout-à-coup un évenement imprévu réveille mon courage abattu, un expédition brillante est résolue, la plus belle flotte que la France ait jamais envoyée aux Antilles est armée dans le port de Brest ; il lui faut un Amiral, ce n'est pas moi qui suis choisi ; la Marine Royale regorge de sujets bien en état de diriger des forces aussi respectables ; on me consulte, je les écarte ; je fais faire mille passes-droits, je triomphe, le Comte de Grasse est l'Officier favorisé d'un si beau commandement, toute la France en murmure, je laisse crier ; je blâme à la ville, dans les cercles, aux spectacles, chez les femmes, par-tout, le choix auquel j'ai eu la plus grande part. Ce rôle est nécessaire à ma gloire, du moins je le présume, de Grasse part enfin, et avec lui toutes les malédictions de la France entière.

Ne croyez pas que mes précautions se soient bornées aux choix et à l'élection du Général seulement ; ce n'étoit pas assez d'avoir frapé le coup, j'ai voulu l'assurer, douze à quinze Capitaines qui avoient servi sous mes ordres , et qui tous étoient mes très-humbles serviteurs , obtiennent par mon crédit, le commandement des vaisseaux aux ordres du Comte de Grasse ; ils partent après m'avoir prêté le serment de fidélité. L'Amiral en frémit, mais il est lui-même forcé d'obéir. Presqu'aussi ambitieux qu'ignorant il vogue enveloppé d'ennemis et de surveillans, et mon triomphe est assuré.

Je tire un voile ténébreux, sur les suites qui ont résulté de mes combinaisons ; j'avoue qu'elles ont passé mes espérances ; et lorsque la France entière étoit plongée dans la consternation la plus universelle, la franchise dont je fais aujourd'hui profession ne me permet pas de dissimuler la joye secrete, et la satisfaction complette que m'a occasionné la journée du douze Avril.

Vous voyez donc, ô mes concitoyens, que dans tous les actes importans de ma vie, je n'ai été ni malheureux, ni mal-a-droit ; et capable des plus grands crimes, je n'ai cependant pas toujours été inaccessible à la vérité.

La fameuse journée du 12 Avril avoit porté le coup terrible à l'orgueil du pavillon Français ; tous les oisifs de la cour et des villes faisoient impudemment le procès à mes protégés, et à l'instar du régime Anglais, aspiroient au plaisir de voir leurs têtes sur l'échafaud. J'ai vu l'orage se former et grossir sous mes yeux, mais j'avois le tems d'en parer les coups et même de le dissiper. En homme adroit j'ai dissimulé, j'ai eu l'air de prendre en main la cause et la vengeance publiques : on s'en est aisément raporté à moi sur l'élection du tribunal, sur le choix des officiers qui devoient le composer, en un mot, sur tout l'apareil qui devoit l'accompaguer ; et ainsi, maître des dispositions, juge et partie dans ma propre cause, j'étouffois les clameurs universels, en suspendant le glaive de la justice et de la vengeance ; et en le rendant inutile et sans effet, je macquittois envers ceux qui avoient si bien servi ma cause, du tribut de reconnoissance que je leur devois, et l'honneur de tout le monde étoit sauvé.

Tel a été le terme de nos exploits dans la carrière militaire ; carrière que je croyois avoir abandonné pour toujours, et que je n'eusse jamais songé à reprendre, sans l'évènement incroyable qui m'a forcé d'y rentrer : événement qui étonne l'univers entier, et qui malgré la fécondité de mes ressources, met, je l'avoue, toute ma judiciaire en défaut. On sent bien, sans que je le dise, que je veux parler du coup terrible porté à l'aristocratie, et de cette prétendue régénération de la liberté Française.

Un nouvel ordre de choses se prépare et arrive nécessairement ; la capitale est bouleversée, une déplorable anarchie renverse tous nos projets ; on nous proscrit ; des têtes sont coupées ; celles qui échapent sont mises à prix ; la mienne, la mienne seule peut-être, est absolument respectée : que dis-je ; on la chérit ; le Français est bon, il ne lui vient pas dans l'idée que le vainqueur des ennemis de l'état puisse être l'ennemi de la nation ; je ne suis pas plus étonné que de me voir décerner la couronne civique, de me voir proclamer chef de cette millice patriote, destructive des projets auxquels j'avois la plus grande part ; de me me voir en un mot le prÔtecteur apparent de ceux mèmes dont j'avois, avec tant de zèle, machiné la ruine ou au moins l'esclavage.

Je regardai ce miracle, comme une suite du bonheur qui ne m'avoit jamais abandonné dans aucune circonstance de ma vie ; je le regardai comme une planche que la Providence avoit menagé à mes complices ; aussi ne tardé-je pas à les en instruire, et ils en conçurent les plus belles espérances.

Cependant on exige de moi le serment patriotique ; j'apporte, en le prêtant, toute l'hypocrisie et la dissimulation dont je suis susceptible ; un parjure de plus ne me coûte rien, trop heureux si je parviens à venger les Delaunay, les Berthier, les Foulon, les Flesselles et tant d'autres avec qui nous faisions cause commune ; et remettre sur le trône ceux qu'une fuite nécessaire a fait sortir du royaume, et à coup-sûr le poste brillant de Commandant de la milice de Versailles doit m'en fournir l'occasion.

Effectivement, après l'avoir préparé de loin, je l'avois trouvée, ou du moins je le croyois. Sous prétexte de prévenir le désordre, et d'empêcher le sang de couler, j'avois eu le secret de désarmer la troupe que j'avois juré de défendre, et je la livrois à la merci de nos amis, qui, l'ancienne cocarde en tête, avoient juré notre résurrection, et dont malheureusement la bonne volonté a été absolument infructueuse.

Arrive fort mal-à-propos, de Paris, une députation composée de cinquante mille bayon-

nettes qui déconcertent absolument tous nos projets et rompt toutes nos mesures ; mes Citoyens
soldats , que la crainte avoit jusqu'alors conte-
nus , brisent tous les liens de la subordination ,
me dénoncent par acclamation , comme un traî-
tre qu'il faut punir , et ne me laissent entrevoir
que l'assurance d'une mort ignominieuse et pro-
chaine , si une fuite prudente et prompte ne me
soustrait à leur fureur et à leur vengeance.

Je confesse que pour la première fois de ma
vie, je fus accessible à la crainte ; une terreur
subite me fit chercher mon salut dans la fuite ;
l'exemple de mes anciens camarades redoubloit
ma frayeur, et même à l'abri de toute atteinte,
je frémissois encore du danger que j'avois couru.

Peu accoutumé à une pareille scène , dois-je
abandonner lâchement le séjour de la Cour , ou
avoir l'impudence de braver l'orage ? Ce dernier
parti, plus conforme à mon caractère , est celui
auquel je me détermine , je paie de hardiesse et
d'effronterie ; le cortége Royal de Versailles à
Paris me paroit une sauve-garde suffisante pour
assurer mon arrivée dans la Capitale , ou je n'en
trouverai nulle part : je me mets sous sa protec-
tion , ce coup-de-main me réussit encore. La
Fayette , ce brave guerrier , qui se donne tant de
peine pour ranger tout l'univers sous les drapeaux
de la liberté , veut bien m'honorer de ses bontés et
me souffrir à ses côtés. Je dévore cet excès d'humiliation ; j'arrive enfin à Paris : mais où me
retrancher ? chaque Lanterne me fait frémir , et
il y en a tant que je ne puis faire un pas sans
appercevoir l'image de mon tombeau ; mon
hôtel ne me paroit pas un lieu sûr, mes amis,

sont , comme moi , frapés de l'anathème public, que devenir ? où se fourer ?

Divine Flechelles , femme adorable, citoyenne des entresols et des galeries du Palais-Royal ! c'est à toi que je vais avoir recours ; je confesse que je t'ai trompée comme les autres ; que je t'ai fait perdre ton tems et la fleur de ta jeunesse , et que tu as tout sacrifié à mes plaisirs. Je confesse que je t'avois entretenue de l'espoir de 1200 liv. de rente ; que tu as eu la confiance d'en croire un héros sur sa parole, et que j'ai toujours eu la lâche intention de t'abuser. Je confesse que depuis environ quatre mois, je t'ai cruellement délaissée, que je t'ai abandonnée sans ressource à la merci du public ; mais seras-tu plus impitoyable que la famille d'Esteing, que les Anglois, que ta patrie même, qui tous me laissent jouir impunément du fruit de mes forfaits ?

Non , je connois ta sensibilité, ton bon cœur ; tu sauras qu'il est d'une belle âme de faire le bien pour le mal ; c'est chez toi que je vais instaler ma chûte, ma proscription et mes remords ; car je commence à en avoir, et si j'ai le bonheur d'échaper à la fatale Lanterne, j'irai avec toi, si tu veux, ensevelir par-tout ailleurs qu'en Angleterre un nom et des titres qui ne furent jamais à moi, une réputation que je n'ai jamais méritée, une flétrissure que j'ai bien gagnée , et la seule chose peut-être qui me soit bien acquise.

SUITE

DE LA CONFESSION,

OU

Fin du CONFITEOR.

> Déjà le héros n'est plus, & l'homme
> disparoîtra bientôt.

ÊTRE suprême, devant qui je me suis prosterné ! Anglois, devant qui je me suis humilié ! O ma patrie ! à qui je me suis confessé ! Genre-humain enfin, à qui j'ai demandé pardon de tous mes crimes ; quoi ! vous n'êtes pas satisfaits, et me poursuivez encore.

Conscience, jadis si vigoureuse ; conscience, autrefois si complaisante ! O ma conscience ! qu'es-tu donc devenue ? Non-seulement tu connois les remords, non-seulement tu me tourmentes sans relâche ; tu me poursuis encore dans mes derniers retranchemens et ne veut plus rien conserver d'impur. Eh bien ! sois complettement satisfaite ; je t'obéis pour la dernière fois ; et, par la grandeur du sacrifice, juge de l'importance de ton pouvoir et de tes droits.

Tu m'as arraché et le secret de ma naissance et les manœuvres que j'ai pratiqué pour le maintenir; tu as déchiré le voile dont j'avois eu l'art d'enveloper toutes les actions de ma vie héroïque : acheve ton ouvrage. Déjà le héros n'est plus, l'homme disparoîtra bientôt.

Si, pour réparer les vices de mon origine, et de ma politique, si pour accomplir mes projets de fortune et d'ambition, si en un mot pour marcher à l'immortalité, j'ai donné des marques éclatantes d'une véritable valeur, je puis aussi offrir dans ma vie privée, des trais de la faiblesse la plus puérile, et des petitesses que l'on pardonneroit à peine à mon frère le fripier.

Tout le monde connoît les premières campagnes où j'eus l'occasion de me montrer en Europe; les évènemens ne servoient pas assez rapidement ma jeunesse bouillante et mon courage emporté; je jugeai à propros d'y suppléer par mon intrigue, et comme je n'étois déjà point novice en cette partie, je hasardai une pasquinade.

Seul et sans suite, je monte à cheval, je feins d'aller à la découverte, et de vouloir prendre connoissance du local qui nous environnoît; je m'enfonce dans un bois fort épais, où je savois bien n'avoir nul danger à courir, et où je croyois n'avoir nul observateur à craindre; je me deshabille, je me roule avec force parmi les rochers, les ronces et les épines, je m'en meurtris les membres et tout le corps, et après cette courageuse expédition, je reviens du camp à toute bride; j'y rentre hors d'haleine, couvert de sang et de poussière; on m'environne, on s'empresse de me questionner; ma fable étoit bien préparée :
« J'avois été surpris par un parti ennemi, je
» lui

» lui avois tenu tête ; je m'étois battu ; je l'avois
» dispersé , mis en fuite ; j'en attestois les bles-
» sures honorables dont j'étois couvert, l'état
» déplorable dans lequel je me trouvois, toutes
» les circonstances enfin qui déposoient en ma
» faveur ». Et déjà toute l'armée me plaignoit,
m'admiroit, me faisoit même l'honneur d'appré-
hender pour mes jours, et trop légèrement je
me décernois aussi déjà les honneurs du plus
beau triomphe.

Je ne croyois pas qu'il dût , ni pût même
m'être contesté. J'ignorois qu'un témoin importun, qu'un témoin oculaire fût dans le cas de
révéler mon exploit imaginaire ; je croyois mes
dimensions si bien prises, mon local si bien
choisi, le tems et la manière si bien concertés,
que je me figurois impossible le démenti formel
que j'ai eu l'affront d'essuyer.

J'apprends dans mon lit que quelqu'un a
l'audace de ternir l'éclat de ma brillante action,
qu'on ose m'assimiler à tous les D. Guichote, de
l'univers, & que l'on se premet d'affirmer, qu'assu-
rément les ennemis que j'ai eu en tête, n'ont eu
garde de prendre la fuite : qu'ils m'attendent au
contraire de pied ferme , toutes les fois que le
jeu m'amusera , & qu'à telle heure que ce puisse
être , ils seront toujours disposés à faire ma partie.

Cette nouvelle eut l'air de faire sur moi la
plus vive impression ; je couvris ma honte et
mon dépit du masque de l'indignation ; je fis les
recherches convenables pour découvrir l'auteur
de cette perfidie : M. de Villares (1) se nomme,
j'en frémis et lui pardonne.

____

(1) Historiographe de France.

C

Si le travail et les fatigues des camps ne suffi-soient pas à la chaleur de mon tempérament, on doit bien présumer que l'oisiveté de la paix étoit bien propre à l'irriter. Ingénieux à me créer des fantômes, j'avois toujours qui com-battre ; la leçon de M. de Villares m'avoit ins-truit, mais ne m'avoit pas corrigé ; je retranchai de mes opérations les meurtrissures et les fla-gellations ; mais je ne fus pas encore assez sage pour y apporter toute la prudence et les pré-cautions qu'elles auroient exigées.

Ainsi qu'en guerre j'avois rusé en amour ; j'avois eu le secret de enter ma triste origine sur une tige brillante et honorable. J'avois épousé Mlle. de Chateau-Regnault, et voulois l'emme-ner à l'armée. La trompette héroïque embou-chée par un cercle de femmes, n'en étend que plus loin et plus rapidement ses sons et ses élo-ges : j'avois mes vues, mais mon épouse, à qui je me gardois bien de les confier, préféroit la tranquilité et le calme de son château, au fracas et au péril des armées. Je résolus de la contrain-dre à me suivre ; et comme elle étoit intraitable sur le chapitre de la persuasion, j'appellai la ruse à mon secours. Je fis mes préparatifs ; je croyois mes dispositions infaillibles, mais un beau soir le tems étoit obscur et noir, tout le monde étoit retiré ; seul, moi seul, je veillois : je coupe sourde-ment les cordons de sonnettes de la chambre à coucher de la comtesse : je me bats les flancs pour me donner de la chaleur et du mouvement ; et transformé en véritable forcené, je brise toutes les croisées qui donnoient sur le parc ; j'essaye d'enfoncer une porte, je lâche un coup de pistolet, qui, dans le silence de la nuit, fait retentir tout le château ; je fais, en un mot, tout le vacarme d'une troupe de brigans qui essaient un coup de main.

Ma mission bien remplie, à ce que je croyois, je change de ton et de manières ; je vole au danger, je me précipite avec intrépidité aux endroits les plus maltraités ; je fais les perquisitions les plus sévères ; un clein-d'œil suffit à l'exactitude de mes recherches. En vain tremble-t'on pour mes jours : les prières, les larmes, tout est inutile, rien ne m'arrête : je m'échappe, la vengeance et la rage peintes sur la figure ; le fer d'une main, le pistolet de l'autre, je m'élance par les cours, les jardins, le parc ; en un mot, par-tout où ma fureur et le hasard me conduisent, et toujours criant : aux voleurs, à l'assassin. L'allarme devient générale, tout le monde est sur pied ; la consternation et la frayeur sont universels : on attend mon retour ; j'arrive enfin, et dans quel état, grand Dieu ! La comtesse ne doute pas que des brigands aient voulu forcer le château et attenter à mes jours. Tout le monde s'intéresse à cet événement, & regarde comme un miracle, ou plutôt comme un effet de ma bravoure, l'écueil d'un attentat aussi horrible.

Cependant le jour paraît, & avec lui s'évanouissent les craintes & les frayeurs d'un danger imaginaire, que ma présence n'avait pu totalement dissiper : le calme, qui n'avoit jamais dû être intérompu, est parfait. Arrive une descente de justice : le Bailliage criminel de Tours s'assure du délit, dresse procès-verbal des ravages qu'il observe : le Pistolet est trouvé au pied des

murs : on rend plainte, on informe ; je suis en-
tendu ; je jure, sur la foi du serment, la vérité
des faits dont je connoissais l'imposture, & je
me garde bien de laisser entrevoir le coupable.

Malheureusement un témoin muet, mais plus
éloquent & moins reprochable que tout autre,
le fatal Pistolet complice de ma folie, est déposé
au Greffe, comme piece de conviction ; on le
fait courir toute la ville de Tours, on le présente
à tous les armuriers : cruel contre-tems pour moi ;
un d'eux l'avoit vendu recémment, et à qui ? au
valet de chambre du Comte d'Estaing.

Il falloit parer cette botte meurtriere ; le tems
étoit précieux, il falloit ou montrer la corde ou
sacrifier son valet de chambre, encore ce dernier
parti n'étoit ni sans inconvénient ni sans danger ;
je ne perds pas un moment, j'apelle ce serviteur
fidèle, je lui peinds avec énergie sa position et
ce qu'il y doit craindre, je ne lui dissimule pas
que mon honneur exige que je le sacrifie, il
m'en croit aisément, il connoissoit mon audace
et mon crédit, il tremble pour une mort ignominieuse, il tombe à mes genoux, il me de-
mande grace.

Je la lui accorde aisément, sans cependant
rien perdre à ses yeux de ma dignité ; & trop
heureux de me débarrasser de sa présence im-
portune, je lui facilite, par un passe-port & de
l'argent, les moyens de s'évader promptement.

Restoit à désarmer la Justice, dont le zèle et
les recherches pouvoient à la fin me démasquer :
je fais des démarches, j'épuise les sollicitations ;
je fais valoir la grâce que j'ai accordée au coupable : bref, je désintéresse le ministère public et la
procédure est arrêtée, mon extravagance de-

meure sans effet et sans suite, et j'eus l'air d'avoir exercé un acte de clémence et d'humanité. Voilà comme, avec de l'intrigue, de l'audace et de l'argent, un grand seigneur est presque toujours sûr de l'impunité.

Es-tu satisfaite, ô ma conscience ? Te reste-t-il un reproche, encore un seul reproche à te faire ? Es-tu enfin parvenue à te purger de toutes les souillures dont tu avois à gémir ? Il t'en reste encore une, je le sens, dont le poids accablant est pour toi un suplice : je vais avoir le courage de t'en débarrasser ; et puisse mon exemple, étonnant l'univers, trouver des imitateurs parmi les aristocrates mes camarades ; la nation acquéreroit des connoissances précieuses, le Roi trouveroit enfin le bonheur après lequel il ne cesse de soupirer, et la lanterne n'en seroit que plus amplement achalandée.

Ce n'étoit pas assez pour moi, d'avoir rendu l'Europe entière témoin du scandale de ma conduite et de mes mœurs ; il falloit encore aller le déployer dans un autre hémisphère, et y fraper des coups d'autant plus mortels que j'étois pourvu de tous les pouvoirs de l'autorité, et du caractère le plus capable d'en abuser.

Chargé d'une opération pour les Isles, j'arrive à Saint-Domingue, où je trouve M. de Clugny pour Intendant. Chargé, sous le nom imposant de Sa Majesté, de me faire rendre le compte le plus scrupuleux de toutes les branches d'administration, je prêtai les mains aux uns et soumis les autres à la plus cruelle inquisition.

M. de Clugny fut du nombre de ces derniers : une conduite irréprochable et pure, des mœurs

austères , un caractère farouche , une administration vigilante et saine ; en un mot, une conscience à l'abri de tout reproche, m'indisposèrent
contre cet Officier ; je ne trouvois point en lui
l'ame souple et vile d'un courtisan : il refusa
d'encenser l'idole et ne tarda point à en devenir
la victime : vingt chefs d'accusation sont clan-
destinement dirigés contre lui ; ses ennemis, et
l'honnête homme en a toujours beaucoup , ses
ennemis imaginent , tirent des conjectures , noir-
cissent ses intentions, ses procédés mêmes , et
bientôt M. de Clugny est un prévaricateur , un
concussionaire ; il est l'ennemi déclaré du gou-
vernement et de la Colonie. On provoque mon
autorité par une dénonciation bien combinée ;
j'ai l'air de me refuser à cet acte de rigueur, qui
étoit mon ouvrage ; mais la fierté, ce caractère
inséparable d'une belle âme, la fierté et le refus
formel qu'apporta M. de Clugny, de descendre
à une justification qu'il dédaignoit, favorisèrent
mes projets d'iniquité. Les apparences étoient
sauvées, c'était tout ce que je voulois. On l'arrête par mon ordre , il est constitué prisonnier,
je l'envoie en France pieds et mains liés, et avec
lui les pièces de son procès, et des lettres de re-
commandation de ma façon.

Ainsi débarrassé d'un être aussi gênant, je
traitai commodément avec tous les autres admi-
nistrateurs et régisseurs des deniers royaux : je
ne cherchai querelle à aucun d'eux ; je fus parfaitement content de leurs politesses et de leur
gratitude ; et si M. de Clugny se fût conduit
comme eux , il se seroit épargné le petit désagrément que je lui ai fait éprouver.

Ma mission pour les Isles ne pouvoit pas être éternelle : je reviens en France, je rends compte de mes opérations ; et quel compte, bon Dieu! Je n'oublie point le chapitre de l'Intendant ; mais je trouve un ministère mal disposé, et on m'arrête dès le premier mot que je veux hasarder. M. de Clugny est un honnête homme, un brave officier, un financier intacte, je le savois bien, mais non-seulement il est absout, il est même vengé et récompensé d'une manière honorable ; ses ennemis sont confondus, il est nommé à l'intendance de Bordeaux. Je feignis d'avoir été trompé sur son compte, d'avoir été séduit par les aparences, et j'en fus quitte pour cette légère justification.

Ce petit désagrément n'était rien en comparaison du grand profit qu'il m'avoit aporté, je m'y attendois, et m'y étois préparé d'avance ; mais je n'avois jamais prévu le coup mortel qui fut bientôt porté à mon amour-propre ou plutôt à mon orgueil, M. de Clugny est nommé contrôleur-général, j'en frémis d'étonement ; mais n'importe, j'ai toujours su braver l'orage ; je ne craindrai pas encore ce dernier, tout foudroyant qu'il soit ; le nouveau ministre est instalé, je suis le premier à l'en féliciter ; il donne sa première audience, je suis le premier à m'y présenter, et à lui faire ma cour ; je suis l'ami de la fortune, et malgré lui je m'enchaîne à son char, il ne m'a jamais fait sentir le poids de sa vengeance, c'est une justice que je lui dois.

Puissent tous ceux qui ont eu le courage et la patience de lire ma confession et sa suite, me pardonner avec la même indulgence, ou du moins ne pas me livrer à cette fatale lanterne dont le nom seul fait frémir le vainqueur de la Grenade et des Grenadins.

signé le Comte D'ESTAING.